SOCIÉTÉ CENTRALE D'AGRICULTURE DE NANCY.

SÉANCE PUBLIQUE DE 1846.

COMPTE RENDU DES TRAVAUX.

PARTIE HORTICOLE.

COMPTE RENDU
DES TRAVAUX
DE LA
SECTION D'HORTICULTURE,

DEPUIS LA SÉANCE PUBLIQUE DE 1845 JUSQU'A CELLE DE 1846,

PAR M. FR. DE SCHACKEN,

MEMBRE ORDINAIRE.

MESSIEURS,

Il serait sans doute très-intéressant de placer sous vos yeux l'analyse des travaux de la Section pendant le cours de l'année qui vient de s'écouler. Les faits aussi nombreux qu'intéressants qui ont rempli vos séances démontrent que la science dont vous vous occupez le cède peu en utilité à la culture des champs. Si, en effet, l'homme, tel que l'a formé la nature, ne doit point porter ses regards au delà des objets nécessaires à ses premiers besoins, les produits de cette culture pourraient lui suffire; mais l'homme est constitué pour une autre vie que celle de la brute. Cette autre existence est toute morale; elle a ses exigences qui réclament un aliment d'une nature plus élevée : les arts, les sciences, le commerce, en le lui procurant, nourrissent et développent son intelligence; l'horticulture prend part à ces beaux résultats, soit qu'elle fournisse des substances alimentaires plus variées et plus délicates, plus appropriées, en un mot, à l'état de civilisation ; soit qu'elle adresse ses produits exclusivement à l'intelligence.

Vos diverses commissions ont visité, à différentes époques, les vignes, les pépinières, les jardins et les serres ; leurs rapports démontrent que partout la routine fait place à de meilleures méthodes.

Des expériences ont été faites sur le chauffage des vins qui sont le produit de médiocres récoltes ; il en est résulté des avantages remarquables. L'alignement dans la plantation des vignes fait des progrès qui préparent pour nos vins un meilleur avenir.

Nos pépinières ne se ressemblent plus : leur bonne tenue et la beauté des sujets sont fort remarquables. Nancy fournit aujourd'hui bien au delà des besoins du département; il est peu de nouveautés qu'on ne puisse s'y procurer en beaux sujets et à prix modéré.

La culture des légumes a atteint un point élevé de perfection chez nos maraîchers; je ne pense pas que leurs méthodes soient encore susceptibles de perfectionnement de quelque importance. Il n'en est pas de même des cultures livrées exclusivement aux mains des jardiniers à gages : le temps et les engrais leur manquent dans bien des maisons; ils ne peuvent non plus, à raison du trop modique salaire qu'ils reçoivent, donner à cette culture tous les soins qu'elle exige.

La culture des primeurs de première saison est encore en retard ; nos maraîchers n'y trouvent pas leur compte. Ce n'est qu'en février qu'ils établissent leurs couches ; ils ne chauffent la pleine terre que pour le pissenlit, qui, à cette époque, est une bien précieuse ressource. Les travaux des amateurs ne devancent guère ceux de nos maraîchers ;

l'expérience leur a appris qu'à défaut d'air et de soleil les produits sont insipides. Chez eux la culture du melon est l'objet d'une grande prédilection; les meilleures espèces sont recherchées et substituées avec un grand avantage au melon de nos maraîchers. Il s'est introduit ici un cantaloup sous le nom de melon d'Alger, melon d'Amérique, melon sans culture, qui surpasse en bonté tout ce que Paris produit de plus exquis; j'ai obtenu, du croisement de ce melon avec le cantaloup noir des carmes, un hybride très-précoce et fort bon.

L'arboriculture compte parmi nous des amateurs qui s'en occupent sérieusement. M. *Millot* a donné à cette partie une véritable impulsion pour la culture des arbres fruitiers. A Nancy, la méthode de M. *Choppin* de Bar, la taille en fuseau, se propage; mais M. *Choppin* n'applique cette taille qu'aux arbres greffés sur coignassier; nous l'appliquons à ceux greffés sur franc, en proportionnant cette taille à la nature plus vivace du sujet. Quelques succès font espérer des résultats définitifs, qui sont d'autant plus à désirer, que l'expérience nous a bien prouvé que nous n'avons rien à espérer des poiriers greffés sur coignassier; ou le chancre les détruit, ou ils vieillissent et restent improductifs. Les nouvelles espèces de poiriers sont facilement à fruits sur franc; il n'en est pas de même des anciennes. La taille en fuseau pourra-t-elle vraincre cette difficulté, qui ne tient qu'au défaut d'espace livré à l'arbre? car les pleins vents fructifient facilement.

Les divers rapports de vos commissions prouvent qu'une marche progressive se fait observer aux environs des villes; vous savez aussi que la vente des fleurs pour notre département et les voisins est énorme. Mais nous sommes loin d'avoir à constater le même progrès pour nos campagnes;

la profession de jardinier y est presque inconnue; la pomme de terre y est le seul légume bien cultivé, du moins généralement. C'est aux hommes instruits qui se livrent aux travaux agricoles qu'il appartient de donner l'exemple; il se propagera vite dans les fermes : on y verra des vergers, des jardins productifs ; une alimentation plus variée, et par conséquent plus salubre, en sera le résultat ; l'excédant des produits refluera avec bénéfice sur les villes ; l'intelligence du cultivateur y gagnera, car il est toujours avantageux à l'homme, d'une capacité intellectuelle assez grande, de sortir du cercle souvent trop monotone de ses occupations. L'un des membres de la Société de Château-Salins nous disait, à propos de l'union de l'agriculture avec l'horticulture, que, dans les tournées agricoles, il était, ainsi que ses collègues, certain d'être bien accueilli, dans les fermes où il appercevait un jardin un peu soigné et surtout quelques fleurs ; c'est qu'en effet la culture des jardins est le témoignage d'une civilisation avancée.

La commission des serres et des jardins a constaté, dans ses diverses inspections, une marche toujours progressive dans la multiplication des plantes d'agrément. Il n'y a que quelques années que l'amateur faisait venir à grands frais les plantes dont il se procure actuellement ici la plus grande partie à un prix modéré; le progrès est bien évident. Plus d'une fois même votre commission a constaté un excès de production nuisible à la qualité des produits, mais qui ne porte heureusement que sur un nombre très-limité de plantes nouvelles.

C'est ici le cas de dire un mot de la serre à multiplication de M. *Patenotte* : Les tuyaux d'un thermosiphon parcourent une immense tablette, y échauffent la sciure de bois sur laquelle se posent les verrières à multiplication. C'est bien là une véritable fabrique multipliant en énorme quantité et avec une promptitude étonnante.

Les cultures les plus remarquables ont été celles de la rose, fleur qui reprend, à l'aide de ses nouveautés, un empire bien mérité. Malheureusement la nouveauté ne l'emporte que trop souvent sur le mérite réel.

Les *Pelargonium*, encore féconds en nouveautés méritantes, sont très à la mode. Nos fleuristes en ont de fort belles collections, quelques-uns font même des semis; mais il est toujours fâcheux qu'un horticulteur commerçant fasse des semis : il est naturellement trop porté à l'indulgence. Les fleurs de pleine terre sont nombreuses et fort recherchées; les pivoines forment d'admirables buissons, surtout les pivoines en arbre. Les tulipes n'ont rien perdu de leur splendeur; mais on n'annonce rien de nouveau, et cette raison les fait délaisser. Cependant un semis de tulipes doubles, panachées, avec des teintes très-variables, produisant un bel effet, a été obtenu par M. *de Charmont;* la fleur de ces tulipes est presque aussi forte que celle des pivoines. L'œillet, si souvent abandonné, reprend vie. Les verveines forment en pleine terre des tapis fort gracieux et fort riches de coloris. Les anémones, les renoncules, les jacinthes comptent peu d'admirateurs; du moins on néglige les collections de ces jolies plantes. Néanmoins nous avons vu, chez notre collègue M. *Avet*, une planche d'anémones provenant de ses semis, du plus bel effet possible.

A l'époque où les dahlias paraissent, ils absorbent toute l'attention. Tout le monde en a ; mais ils ne jouissent de leur admirable perfection de forme et de tenue que là où ils sont bien cultivés. Le commerce présente à vos expositions ce qu'il y a de plus beau et de plus nouveau. Votre commission a constaté avec plaisir un grand progrès dans les semis d'asters dits reine-marguerite; elle a vu les pyramidales prendre la forme bombée des anémones. Pendant leur règne malheureusement trop court, elles ne le cèdent point en beauté aux dahlias ; elles font même plus d'effet. Les chrysanthèmes fournissent toujours des nouveautés ; mais cette plante est encore mal cultivée.

La mauvaise saison n'est pas de longue durée pour celui qui possède une bâche bien garnie : dès la fin de février, en mars et en avril , votre commission a vu des ensembles de fleurs diverses, dont l'effet était magique. Le camellia a été d'une beauté remarquable : il est ici la plante de prédilection ; les collections sont complètes et nombreuses. Bien qu'il domine dans les ensemble dont je viens de parler, on y voit aussi une multitude de jolies plantes anciennes et nouvelles, cultivées, soit pour le feuillage, soit pour les fleurs.

Au nombre de vos travaux se comptent deux expositions qui ont chacune été l'objet de rapports spéciaux (1) ; celle que vous avez sous les yeux est sans contredit une des plus remarquables. Je signalerai un seul fait : c'est l'admirable masse de fleurs qu'expose aux regards la réunion des plantes des amateurs ; ces plantes en grandissant ont considérablement gagné. Il ne peut en être de même des parties de la salle où exposent les horticulteurs marchands : leur commerce a pris une si grande extension, que leurs multiplications n'ont pas le temps de grandir chez eux.

Un horticulteur marchand à Eccelles, près de Lyon, a envoyé à notre exposition quelques œillets de fantaisie à floraison perpétuelle : ils ont été peu remarqués ; mais

---

(1) *Bon Cultivateur*, année 1845, p. 196 et 375.

ils sont probablement l'origine d'une nouvelle production que des semis successifs sauront améliorer.

Je viens de vous remettre sous les yeux la substance des observations faites par vos diverses commissions : vous savez qu'elles ont rempli vos séances de discussions fort intéressantes. Quant aux travaux des membres de la section, en dehors des tournées horticoles, ils ont été plus restreints que de coutume. Vous vous en êtes émus ; votre Président, par une allocution pleine de verve et de vérité, a ranimé le zèle de ses collègues : vos séances ont depuis cette époque repris une nouvelle vie. M. *Thomas* vous a fait un rapport au nom de la commission des vignes et d'œnologie, dans lequel le procédé de M. *Bonnejoy* pour le chauffage des vins est présenté comme une heureuse innovation (1). Vous avez reçu de M. *Lejeune*, juge à Vic, une note sur la culture forcée du framboisier rouge et du fraisier. Je vous ai lu une analyse de l'ouvrage de MM. *Moreau* et *Daverne* sur la culture maraîchère de Paris (2). L'annonce de cet ouvrage vous a donné l'espoir de voir sortir du rayon de la capitale un genre de culture encore fort arriéré dans les provinces. Presque à chaque séance M. *Millot* vous a présenté des notices, accompagnées de figures, sur des poires nouvelles (3) ; un grand intérêt s'attache à ces publications, dont vous avez demandé l'insertion au *Bon Cultivateur*.

Deux autres communications comptent dans l'énumération des travaux dont vous avez dû vous occuper; ce sont : une notice de M. *Millot*, pour forcer la pomme de terre, selon le procédé de M. *Poiteau* (4) ; une notice de M. *Lefebvre* sur la

---

(1) *Bon Cultivateur*, année 1845, p. 315. — (2) *Idem*, p. 115. — (3) *Idem*, année 1846, p. 105. — (4) *Idem*, année 1845, p. 135.

culture du fraisier. Le moyen indiqué par M. *Braconnot* pour la destruction des limaces figure avantageusement au nombre des articles publiés dans le *Bon Cultivateur* (1); il propose ou la lessive conservée ou une solution étendue de potasse.

On trouve aussi dans le même journal un rapport de M. *Poiteau* sur le thermosiphon perfectionné de M. *Bachoux* (2). Ce thermosiphon est un heureux perfectionnement, puisqu'il chauffe comme les calorifères au moyen de l'air extérieur échauffé dans le foyer, et qu'il utilise en même temps l'eau chaude et sa vapeur. Il n'est pas question de la fumée : il n'y a sans doute là qu'une omission ; car elle concourt si puissamment à l'élévation de la température, qu'il y a perte quand on ne l'utilise pas.

Je trouve inutile de vous rappeler combien vous vous êtes occupés de la maladie des pommes de terre. Ce fléau cessera sans doute de nous menacer ; mais n'oublions pas que les êtres qui appartiennent au règne végétal peuvent être atteints comme les animaux par les maladies épidémiques, et que dans ces circonstances malheureuses nos théories n'expliquent rien. Il est bien vrai que le froid humide est le principe générateur de la plus grande partie des maladies ; mais cette cause ne peut suffire à la production d'une épidémie, elle peut tout au plus la favoriser. Elle ne suffit même pas pour les cas de maladies ordinaires. Ne nous perdons point dans des conjectures inutiles : l'incertitude est notre lot.

M. *Millot* vous a lu une notice extraite d'un journal belge sur la propagation des yeux de la vigne enlevés sous forme

---

(1) *Bon Cultivateur*, année 1845, p. 531.—(2) *Idem*, p. 468.

d'écusson et confiés à la terre (1); nous avons fait des essais qui paraissent confirmer la valeur de cette méthode.

La greffe forcée du rosier a été l'objet d'un rapport que je vous ai présenté (2) : des discussions fort remarquables sur la valeur de cette greffe ont élucidé complétement la question.

M. *Henrion* vous a fait un rapport, au nom de la commission dont il fait partie, sur la taille des arbres fruitiers ; si ce rapport vous a laissé des regrets relativement au nombre des concurrents, il ne vous en a laissé aucun sur la valeur du travail dont il vous a entretenu.

MM. *Martin* et *Patenotte* père vous ont exposé dans tous ses détails la méthode usitée par nos maraîchers pour la culture du pissenlit. Il ressort des discusions soulevées au sujet de cette intéressante culture, que la chicorée sauvage perfectionnée de MM. *Jacquin*, après avoir fourni, soit aux hommes, soit aux animaux, qui en sont avides, un excellent aliment pendant l'été, traitée comme le pissenlit, le vaut bien et a sur lui l'avantage de pouvoir être extrêmement utile à la grande culture. La laitue vivace, la chicorée de Wittelof ont aussi figuré d'une manière avantageuse dans ces discussions.

M. *Schott* vous a présenté des pommes de terre arrachées en mars 1846, provenant de tubercules récoltés fin de juillet 1845, et plantés le 16 août suivant; ce qui constitue deux générations en un an. Ce nouvel essai pourra peut-être passer dans la grande culture. Vous avez aussi reçu, par les soins de M. *Blaise*, notaire, de la semence et des tubercules de pommes de terre de la Chine ; ces derniers permettront de porter un prompt jugement sur la valeur de cette variété. Les nouvelles relations avec ce pays nous ont déjà

---

(1) *Bon Cultivateur*, année 1846, p. 141. — (2) *Idem*, p. 99.

donné des variétés de radis que M. *Lefebvre* vous a présentées.

M. *Godron*, chargé par la Société d'examiner un ouvrage offert par M. *Lecoq* de Clermont-Ferrant, a fait un rapport remarquable sur l'hybridation des végétaux (1) ; l'horticulture peut en tirer bon parti pour produire de nouvelles variétés.

Je termine, Messieurs, l'énumération de vos travaux en vous rappelant que votre procès-verbal du 31 juillet contient les paroles pleines de dignité et de réserve avec lesquelles vous avez stigmatisé certaines tendances désorganisatrices, qui donnent encore quelques signes de vie, qui se débattent sur un autre terrain, mais en vain ; car l'occasion n'est pas opportune : autour de nous ne se forme-t-il pas des associations nouvelles, qui, comme la nôtre, comprennent l'agriculture et l'horticulture ? Les hommes instruits unissent leurs efforts, se tendent la main et ne se repoussent jamais. C'est du secours que se prêtent mutuellement les sciences et les arts que jaillissent les immenses perfectionnements qui caractérisent notre époque (2).

---

(1) *Bon Cultivateur*, année 1846, p. 35.

(2) Espérons que ces symptômes fâcheux, qu'il ne faut attribuer qu'à un zèle outré et peu réfléchi pour les intérêts de l'agriculture, et qui ont failli disloquer une des Sociétés les mieux organisées de France, que ces symptômes, disons-nous, ne se renouvelleront plus. En y réfléchissant en effet, on reconnaîtra que l'agriculture n'a qu'à gagner par son contact avec l'horticulture. Et, d'abord, pourquoi le cultivateur ne chercherait-il pas à embellir sa demeure ? Pourquoi ne se préparerait-il pas après une journée de fatigue un lieu de repos, où les fleurs et les autres produits du jardinage viendraient charmer ses yeux et égayer son imagination ? où il trouverait à occuper dignement ses loisirs et à diriger les premiers travaux de ses enfants ? Mais, d'ail-

leurs, n'est-il pas certain que l'adjonction d'un jardin bien tenu à chaque ferme, serait, pour ses habitants, de la plus grande utilité? Il leur fournirait une alimentation habituelle plus abondante et plus variée; ensuite, en cas où la pomme de terre viendrait encore à manquer, de précieux et nombreux succédanés. Croit-on que, lorsqu'on a annoncé la maladie qui vient de frapper cette base de la nourriture des populations rurales, les craintes qui se sont manifestées eussent été aussi vives, si les jardins étaient plus communs dans les campagnes? Chacun n'y eût-il pas vu, pour le présent et l'avenir, un gage assuré de sécurité? Tous ceux qui portent à l'agriculture un véritable intérêt, devraient donc s'entendre pour favoriser la propagation de l'instruction horticole, et prêter leur appui à ceux de nos confrères qui consacrent leurs études à un art aussi utile qu'agréable (*).

Je sais bien que, si l'on a attaqué la Section d'horticulture, c'est qu'on a cru y voir une occasion de dépenses considérables pour la Société; mais on s'est gravement trompé. Certes, des encouragements donnés à un art dont la partie qui semble la plus futile a créé, pour la seule ville de Nancy, depuis l'établissement de nos expositions, un commerce de plus de 100,000 fr. par an, ne seraient pas des encouragements perdus; mais, examinons le programme des récompenses offertes par la Société pour les cinq sections qui la partagent, et voyons si la part qui y est faite à la 4e est plus considérable que ne le comporte son utilité (Voir le programme). On y reconnaîtra que les sommes destinées à des encouragements pour la 1re section s'élèvent à 1,554 fr.; pour la 2e, 660 fr.; pour la 3e, 158 fr. (total pour l'agriculture proprement dite : 2,372 fr.); pour la 4e, 606 fr. (dont 116 seulement pour la subdivision des fleurs); pour la 5e, 449 fr. Ainsi l'agriculture reçoit en encouragements quatre fois plus que l'hor-

(*) On m'objectera que les jardins exigent, pour être tenus en bon état, de nombreux arrosements, que les cultivateurs n'ont pas toujours le temps de leur donner; mais, comme me le faisait observer un de nos bons horticulteurs, il est toujours facile, au moyen de paillis, dont les éléments ne manquent pas dans les fermes, d'y entretenir une favorable humidité.

(iculture et la viticulture réunies, vingt fois plus que les fleurs. Et remarquez bien que la totalité des récompenses offertes pour la 4e section n'est jamais annuellement distribuée (il n'en a été donné que pour 405 fr. 50, en 1843; pour 465 fr. 25, en 1844; pour 344 fr. 50, en 1845); tandis que celles de l'agriculture sont très-souvent dépassées.

Qu'on se garde donc bien de porter une main ennemie sur l'organisation d'une Société qui embrasse toutes les parties de l'agriculture, qui cherche à les encourager toutes; et, comme l'a dit si à propos notre digne Vice-Président à l'ouverture de cette séance, « qu'agriculteurs, jardiniers, vignerons et forestiers rivalisent de zèle pour faire prospérer les diverses branches de l'économie agricole, et qu'ils soient bien assurés de trouver toujours, dans la Société centrale de Nancy, une juste appréciatrice de leurs efforts et une admiratrice constante de leurs succès! »

(Note du Rédacteur du *Bon Cultivateur*).

RAPPORT

SUR L'EXPOSITION VERNALE D'HORTICULTURE,

LU A LA SÉANCE PUBLIQUE DU 3 MAI 1846,

PAR M. LEJEUNE,

JUGE AU TRIBUNAL DE VIC, ASSOCIÉ LIBRE.

Messieurs,

Une exposition des produits de l'horticulture n'est pas simplement un spectacle, une exhibition stérile d'un nombre plus ou moins grand de plantes ou de fruits, destinés à récréer la vue du public admis à la visiter ; c'est bien plutôt l'expression, non-seulement de l'intelligence individuelle et du bon goût de l'horticulteur, mais encore la mesure de sa capacité industrielle. Un observateur intelligent pourra même y distinguer, jusqu'à un certain point, et l'état des mœurs du pays et son degré de civilisation.

Considérée sous ces points de vue différents, celle qui nous occupe aujourd'hui peut se diviser en trois parties distinctes, les plantes d'agrément, les plantes utiles, l'industrie qui produit les unes et les autres.

Parmi les plantes d'agrément, les unes sont le produit ordinaire de la saison et du sol : je n'en parle ici que pour mémoire ; car, bien qu'à un hiver très-doux ait succédé un printemps anticipé, la saison et le sol n'ont rien produit encore qui puisse vous être signalé.

Les autres, produit de la vigilance, de l'adresse et du savoir de l'horticulteur, élevées sous l'influence d'un climat artificiel, s'offrent nombreuses et brillantes à nos regards, témoignant de la haute intelligence de l'homme, autant que de la facilité avec laquelle la nature se prête à satisfaire tous ses désirs.

Jetons un coup-d'œil rapide sur cet ensemble; mais ne nous laissons pas trop éblouir par tout ce qu'il a de brillant. N'oublions pas qu'un rapport est une critique, soyons donc sobres d'éloges, afin d'être sobres de blâme; avant tout soyons justes.

Jamais peut-être, Messieurs, le gradin du fonds de cette salle n'a présenté un tableau nuancé d'aussi riches couleurs. Il a été un objet d'admiration pour les étrangers qui ont visité l'exposition, et, pour être juste, il faudrait vous citer toutes les plantes qui concourent à son ornement ; cependant votre commission a cru devoir signaler à votre attention, comme les plus dignes d'éloges :

Deux *Hortensia* et un *Achimenes longiflorà*, culture forcée de M. le marquis *de Choisy*, douze Azalées, quatre *Gloxinia;*

Un *Limodorum Tankervillæ*, un *Crinum album* et un *Tropæolum tricolorum*, aussi de M. *de Choisy;*

Trois superbes Azalées et un *Chorizema varium* de M. *Monnier;*

Plusieurs belles plantes de M. *Charles Lefebvre*, et entre autres un *Pæonia tenuifolia flore pleno;* un grand Kiris d'Erfurt remarquable par sa forme élevée sur une tige unique; enfin un *Tropæolum lobbianum*, qui est une nouveauté.

M. *Avet* a exposé une belle Pivoine *Moutan*.

M. de *Lépinau*, sans compter une admirable collection de Cinéraires de ses semis, et dont nous aurons encore à parler, a exposé un magnifique Cocardeau turc, ainsi qu'une gracieuse Pivoine blanche (Victoria);

M. de *Taillasson*, parmi beaucoup de belles plantes, un *Habrotamnus elegans*, un *Daviesia latifolia*, et un *Platylobium maryanum;*

M. *Elie Baille*, un bel Hortensia, un *Rhododendrum newshite Cuningam*, une Azalée d'une dimension remarquable, et plusieurs plantes d'une belle culture;

M. *Barbier*, entre autres belles plantes, deux *Acacia pulchella*, un *Azalea violacea*, et un *Pimelea spectabilis;*

M. le docteur *de Schaken*, trente belles plantes, parmi lesquelles on distingue surtout des Azalées, des *Mimosa distachya*, des Cinéraires, des *Polygala* et des Tulipes doubles.

M. *Patenotte* a exposé de nombreuses Bruyères, des Cinéraires, des Verveines, des *Polygala*, *Rhododendrum*, *Fuchsia* et *Petunia;*

M. *Munier*, 66 plantes, entre autres un *Pimelea decussata rubra*, d'une force remarquable; un *Chorizema varium*, et un *Acacia cordifolia* de première grandeur; enfin plusieurs plantes nouvelles;

M. *Rendatler*, 83 plantes, des Calcéolaires, des Fougères très-belles et des nouveautés;

M. *Gloriot*, un *Thelopea speciosissima*, de magnifiques Pivoines nouvelles, de belles Cinéraires de semis, et un *Potentilla mackayana;*

MM. *Simon Louis* de Metz, une *Azalea multiflora* et un *Statice macrophylla*, plante remarquable qu'ils n'ont point présentée au concours pour les nouveautés.

M. *Dubois* a exposé un *Rhododendrum* du Kamschatka et des Azalées.

Cette année, comme les précédentes, M. *Lenoir* a exposé de belles Cinéraires de semis, plantes trapues et remarquables.

Dix plantes ont été présentées au concours comme nouveautés; après en avoir éliminé cinq, le jury a placé les cinq autres, suivant leur mérite, dans l'ordre suivant :

Une Pivoine grand sultan de M. *Gloriot;*

Un *Rhododendrum pardolotum* de M. *de Taillasson;*

Un *Chorizema Southampton* de M. *Munier;*

Un *Tropœolum lobbianum* de M. *Rendatler;*

Un *Lechenaultia multiflora* de M. *Munier.*

Pour l'ensemble et l'abondance des belles plantes, le jury a placé MM. *Rendatler* et *Munier, ex æquo;* puis MM. *de Choisy, Patenotte* et *Collin.*

Pour la culture forcée, M. *de Choisy* présente deux magnifiques *Hortensia* et un *Achimenes longiflora.*

La primauté pour la belle culture a été accordée à l'*Azalea* de M. *Elie,* puis au *Tropœolum* de M. *de Choisy,* et à l'*Acacia cordifolia* de M. *Munier.*

Le jury a cru devoir accorder à M. *Etienne Défaut,* jardinier de M. *de Choisy,* une récompense extraordinaire, pour la beauté et la belle culture des plantes qu'il a exposées.

Trois tableaux remarquables de Pensées ont été exposés: le jury a donné la préférence à ceux de MM. *Munier* et *Rendatler, ex æquo;* celui de M. *Letixerand,* de Saint-Mihiel, est aussi fort beau.

Les superbes Cinéraires de M. *de Lépinau* ont obtenu, à l'unanimité, à son jardinier, *Joseph Antoine,* la récompense attribuée aux semis.

A la même unanimité, le jury a décerné à M. *Avet* une mention très-honorable, pour ses semis d'Anémones, remarquablement belles.

Je vous ai parlé de l'industrie qui produit; elle se divise en deux branches : celle qui produit les nouveautés et celle qui les multiplie.

Parmi les plantes utiles, les légumes et les fruits, nous remarquons peu de productions nouvelles. A quoi faut-il attribuer ce résultat? évidemment à ce que les personnes riches, disposant de moyens d'instruction, de loisir, et d'emplacements considérables pour faire des semis, ne s'occupent pas assez d'un genre de culture qui offre cependant de l'attrait, autant qu'il honore celui qui s'y livre. Et disons tout de suite qu'il faut pour réussir une certaine persévérance, dont tous les hommes ne sont point doués ; je dirai même un certain savoir : car tel qui semera, au hazard, des milliers de graines, sans réflexion, sans se mettre dans les conditions favorables que comportent certaines lois naturelles, obtiendra beaucoup moins de résultats que tel autre qui semera quelques centaines de graines seulement, pour la production desquelles le savoir aura secondé la nature. Une certaine instruction est donc nécessaire, et le temps est sans doute peu éloigné, où nous verrons des hommes, amis des sciences naturelles et des progrès, faire des cours gratuits de physiologie végétale, de chimie et de physique appliquées à l'art de l'horticulture; ils rendront un vrai service à la société, en déracinant la routine et les préjugés, si contraires à la saine raison et aux progrès de la science.

Il était moins difficile, moins long surtout d'obtenir des nouveautés des plantes d'agrément, surtout des plantes herbacées; mais, si nous avons à constater déjà des résultats très-satisfaisants en ce genre, nous sommes loin d'avoir epuisé la fécondité de la nature et ses ressources, auxquelles on ne saurait assigner des limites.

Quant à l'art de multiplier les plantes, nous pouvons nous flatter de posséder au milieu de nous cette industrie dans toute sa perfection. Je pourrais vous citer maints établissements que vous connaissez mieux que moi, où elle se fait avec autant d'intelligence que d'habileté. Je me renfermerai cependant dans la réserve que je me suis imposée de ne citer aucun nom : depuis trop peu de temps encore, Messieurs, je suis admis à l'honneur de partager vos travaux, et, n'ayant pas fait mes preuves moi-même, je dois m'abstenir de juger.

Dans l'une et l'autre de ces industries, une louable émulation doit animer les horticulteurs; ils doivent sans doute chercher à se surpasser : mais qu'ils se tiennent en garde contre l'envie et la jalousie, ces deux passions qui détruisent tous les bons sentiments ; c'est par les résultats qu'il faut apprécier les méthodes et les procédés de chacun; ne les décrions pas avant de les connaître, ne nous vantons pas à leurs dépens, mais surtout n'employons pas la calomnie, qui est l'arme du lâche détracteur; ne rougissons point d'avouer le mérite des autres, c'est le moyen de les forcer à reconnaître le nôtre. Il est beau d'être habile et modeste en même temps ; c'est allier le talent à la vertu.

La génération actuelle d'horticulteurs de profession, compte encore beaucoup d'hommes habiles et expérimentés, mais qui, n'ayant point reçu l'instruction nécessaire pour écrire correctement, reculent souvent devant la difficulté qu'ils éprouvent, lorsqu'ils voudraient faire part, soit aux réunions de la Société, soit à leurs confrères, des résultats qu'ils ont obtenus, ou des observations de leur pratique journalière, qui seraient précieuses à recueillir.

En attendant que le bienfait de l'instruction soit assez répandu, ne pourrions-nous pas obvier à cet inconvénient ? une commission spéciale ne pourrait-elle pas être chargée de la correction, soit des catalogues, qui renferment souvent des noms tellement altérés, qu'ils sont méconnaissables, ou tout à fait impropres, soit des écrits relatifs à l'horticulture? Quel est celui de nous, Messieurs, membre de la grande famille horticole, qui refuserait le secours de ses connaissances à ceux qui le demanderaient? Venez donc à nous, sans arrière-pensée, nos chers confrères ; si vous êtes moins grammairiens que nous, vous êtes plus habiles et plus expérimentés, l'avantage est encore de votre côté (1).

La culture forcée des fruits et des légumes tient peu de place à votre exposition ; mais, malgré nos regrets de la voir négligée comme industrie, nous devons des éloges à ceux qui ont présenté de beaux produits, et par là contribué au relief de l'exposition, tout en donnant la preuve d'une grande habileté.

Le jury a surtout distingué :

Un bel Ananas, des Fraises de différentes espèces et d'une beauté remarquable, des Haricots, des Pois verts et des Concombres blancs hâtifs, de M. *Etienne Défaut*, jardinier de M. *de Choisy;*

Des Choux brocolis de M. *Simon* de Metz ;

Des Haricots verts et des Artichauts de M. *Masson*, conseiller à la cour ;

Les belles Fraises et la Chicorée Wittelof de M. *de Lépinau ;*

---

(1) La Section d'horticulture se fera toujours un devoir d'aider, dans la publication de leurs catalogues, tous nos fleuristes et pépiniéristes, qui peuvent s'adresser à elle en toute confiance.

Les Radis de Picardie et de Chine de M. *Lefebvre;*

Les Carottes et les Asperges de M. *Villaume;*

Les Asperges de M. *Besval.*

Le jury a accordé à plusieurs de ces objets des récompenses méritées.

Dans tous les départements où il existe des Sociétés d'horticulture, à Paris même, on se plaint généralement de la fixation de l'époque des expositions; on prétend que des considérations personnelles la font varier, suivant qu'on veut favoriser tel ou tel, dont les cultures sont plus ou moins avancées.

Heureusement, Messieurs, la Société de Nancy est à l'abri de semblables reproches; aussi, est-ce sous des rapports différents que j'envisagerai cette question, comme le prouveront les observations que je vais avoir l'honneur de vous soumettre.

Je vous ai dit que le climat et le sol, à cette époque de l'année, n'avaient encore presque rien produit en fleurs, fruits ou légumes; vous savez parfaitement qu'à l'automne, les fruits de l'arrière-saison, quelques derniers légumes, plus ou moins altérés déjà par les premières gelées, enfin quelques rares fleurs de pleine terre, les dahlias par exemple, qui pourraient déjà avoir aussi beaucoup souffert du froid, font toute la garniture de vos tables d'exhibition : il résulte de là, que la culture forcée des plantes et des fruits a, pour ainsi dire, le monopole de vos récompenses, tandis que la véritable industrie maraîchère, celle dont le pénible labeur mérite aussi vos encouragements, puisqu'enfin elle est la source d'une partie de l'alimentation de l'homme, n'est point encouragée selon son importance, reste sans émulation, et se traîne machinalement et sans progrès sensibles, à la suite des autres branches de l'industrie horticole.

Il serait beau cependant, Messieurs, de voir vos tables d'exposition chargées de légumes de toute nature, que l'émulation produirait bientôt plus beaux et meilleurs, les uns en plus grande abondance, ce dont profiterait le pauvre, les autres un peu plus hatifs, ce dont profiterait le riche.

N'auriez-vous pas aussi une multitude de fleurs de pleine terre qui ne le cèdent en rien à leurs sœurs privilégiées de la serre? celles-ci, semblables aux femmes du monde, qui, légèrement vêtues, afin que rien ne voile tout ce qu'elles ont d'attraits et de grâces, sortent de leurs chaudes habitations pour ces réunions brillantes à l'issue desquelles les attend souvent la maladie qui ternit bientôt leur éclat; les plantes de serre, dis-je, ne passent pas toujours impunément, à cette époque, de leur chaud palais à votre local d'exposition, et encore moins entre les mains de celui qui les achète à l'issue du concours, sans penser que l'art et la chaleur ont hâté leur beau développement, et qu'un brusque changement d'état va les faire périr sous ses yeux.

Les fleurs de pleine terre, sans avoir exigé tant de frais et de soins, embellissent nos jardins et nos habitations pendant tout le cours de la belle saison, lorsque les plantes de serre ont terminé leur floraison.

Eh bien, Messieurs, pour être justes, pour donner à chaque industrie la part qui lui revient des encouragements accordés à l'horticulture, il ne faudrait que reculer de quelques semaines l'époque de l'exposition vernale, et la fixer une fois pour toutes, afin que l'horticulteur, comptant là-dessus, put amener ses cultures au point convenable pour le jour indiqué; soit que l'agriculture retarde aussi un peu ses concours, ce qui paraît sans inconvénient, soit qu'au-moins elle retarde la distribution de ses récompenses, ce qui n'offre aucune difficulté, afin de réunir, comme d'habitude, ces deux solennités qu'on ne peut ni ne doit séparer, puisqu'elles se prêtent un mutuel intérêt.

Le mois de juin voit éclore, à part quelques gros légumes et les fruits d'automne, tout ce que la terre produit de mieux, tant en fleurs du plus bel effet, qu'en légumes des plus délicats ; c'est donc alors que devrait s'ouvrir notre exposition. J'émets le vœu que ces considérations soient de quelque poids, lorsque l'an prochain vous en fixerez l'époque(1); au risque de voir votre local, la cour de cet édifice, ses abords et la place même qui y est contiguë, couverts, pendant deux jours entiers, de tout ce que la saison produit de fleurs, de fruits et de légumes, que l'artisan lui-même pourrait contempler à son aise et se procurer à des prix modérés, puisqu'ils seraient le produit d'une culture aussi intelligente, mais moins dispendieuse, et par là plus à la portée de tous.

Au reste, Messieurs, le mois de juin, le vrai printemps dans notre climat de Lorraine, est la saison pendant laquelle la nature revêt sa plus belle parure : l'être créateur, dont toutes les œuvres démontrent la sagesse prévoyante, embellit à cette époque le pelage du quadrupède et le plumage des oiseaux, afin de favoriser, par ce nouvel attrait, le rapprochement des sexes et la reproduction des espèces; n'a-t-il pas aussi voulu qu'après les rigueurs et les privations de l'hiver, les productions de la terre fussent meil-

(1) Des considérations d'une grande importance, et le vœu de la Section d'horticulture elle-même, tendraient plutôt à avancer qu'à retarder l'époque de l'exposition vernale, et s'opposeront toujours probablement à la réalisation des désirs philanthropiques de M. *Lejeune*. (*N. du R.*)

leures, que les fleurs fussent plus brillantes et plus belles, afin de ranimer en nous le désir de les conserver et de les multiplier?

Ce serait ici le lieu de parler de la bienveillante sollicitude du haut magistrat, président de cette réunion, et des membres de cette Société, dont le nom et les talents contribuent si puissamment à lui faire assigner un rang distingué parmi les Sociétés d'agriculture; mais qui de nous ne rend pas, au premier, ce tacite hommage, et aux autres, la part qui leur est due dans les progrès dont vous pouvez déjà vous féliciter?

Liste de MM. les Exposants et Nomenclature des Produits exposés.

Légumes.

M. *Besval.* Asperges.

M. le marquis *de Choisy* (jardinier : M. *Etienne Défaut*). Carottes hatives de Hollande; Concombre blanc hatif de Hollande ; Haricots verts ; petits Pois.

M. *Charles Lefebvre.* Radis roses de Chine ; Raves longues de Picardie.

M. *de Lépinau.* Wittelof de Bruxelles.

M. *Masson.* Artichauts; Haricots verts.

MM. *Simon Louis* frères, de Metz. Choux brocolis blancs, *idem* jaunes, *idem* violets.

M. *Joseph Vuillaume.* Asperges ; Carottes hatives.

Fruits.

M. le marquis *de Choisy* (jardinier : M. *Etienne Défaut*). Ananas de Cayenne; sept variétés de Fraises cultivées en pots (des Alpes ou des quatre saisons, Chili, Forest, Mayt, Reine des fraises, Velton, Valsmenston); une corbeille de Mirabelles mûres.

M. *de Lépinau*. Quatre variétés de Fraises (Noire des quatre saisons, Bristish queen, Valsmenston, Keen's seedling).

M. *Roussel*, juge de paix à Saint-Mihiel. Diverses variétés de Poires et de Pommes.

Fleurs.

M. *Avet*. Pivoine en arbre *Moutan*; un pot de Millionnaire; quatre Ravenelles.

M. *Barbier*. *Acacia pulchella*; *Azalea indica alba*, *A. violacea;* Bruyère violette, B. rose, B. blanche; *Chorizema*; *Diosma;* Genêt; *Pimelea spectabilis; Pultenea daphneoïdes.*

M. le marquis *de Choisy* (jardinier : M. *Etienne Défaut*). *Azalea indica alba*, *A. bicolor*, *A. concolor grandiflora*, *A. hybrida*, *A. hybrida rosea*, *A. Hubertii*, *A. light purple*, *A. phœnicea grandiflora*, *A. semi-plena; Achimenes longiflora;* Calcéolaires de semis; *Camellia Baxteri; Crinum album; Cyclamen Coum; Gloxinia rubra*, *G. caulescens*, *G. cerina; Hortensia ; Indigofera atropurpurea; Limodorum Tankervillæ; Rhododendrum arboreum phœniceum, R. pallidum;* Scille du Pérou; *Tropæolum tricolorum.*

M. *Elie-Baille* (jardinier : M. *Charles Défaut*). *Azalea indica alba*, *A. phœnicea*, *A. semi-plena*, *A. speciosa*, *A. Vanhoutti; Acacia armata; Euphorbia splendens;* Scille du Pérou; *Hortensia ; Rhododendrum Newshite Cuningham;* Rosier Louis-Philippe.

M. *Gloriot* (1). *Chorizema rotundifolia;* Cinéraire Gloriot

---

(1) M. *Gloriot*, qui était malade, n'a pu exposer que peu de plantes.

(Gloriot), *C.* Phébus (Gloriot); *Cytisus albiflorus elegans; Fuchsia curiosa, F. Venus-victrix; Pœonia* Grand Sultan, *P.* Impératrice Joséphine, *P. papaverana plena, P. purpureo-violacea; Pimelea spectabilis; Potentilla macnabiana; Rhododendrum arboreum excelsum;* Rosier cromatelle, R. Rose de la Reine, R. Souvenir de Malmaison; *Telopea speciosissima.*

M. *Charles Lefebvre. Azalea indica alba;* Calcéolaires; Cinéraires; *Echeveria gibbiflora; Fuchsia;* Grand Kiris d'Erfurth; Deux *Pelargonium; Pœonia tenuifolia flore pleno;* 1 Rosier; *Tropœolum lobbianum*; *Verbena* Beauté suprême.

M. *de Lépinau.* 1 Amaryllis; 21 Cinéraires de semis; 1 Cocardeau turc; 4 *Ixia crocata;* 2 *Pelargonium velutinum sanguineum*; *Pœonia Victoria* (Mathieu).

M. *Letixerand,* de Saint-Mihiel. Un tableau de Pensées.

M. *Martin,* Maire de Malzéville. Huit variétés d'Azalées de l'Inde; trois variétés d'Acacias; 10 variétés de Camellias; 10 Cinéraires; *Daviesia glauca; Dodecatheon Meadia; Erica pyrolæflora; Glycine ovata*; *Habrothamnus fasciculatus; Linum flavum; Pimelea decussata;* Pivoine Moutan.

M. *Monnier.* Trois Azalées de l'Inde; un Camellia; un *Chorizema varium; Siphocampylus betulæfolius.*

M. *Joseph Munier. Azalea indica alba, A. aurantiaca, A. phœnicea; Acacia linearis, A. cordifolia; Chorizema varium, C. varium novum, C. cordatum, C. Southampton; Cytisus albus; C. purpureus albus; Correa bicolor; Daviesia umbellata; Daphne lutescens; Dillwynia conferta; Dodecatheon Meadia; Diosma ambigua; Erica bowieana; E. cylindrica, E. persoluta alba, E. persoluta rosea, E. mediterranea, E. ruber calyx, E. speciosa; Epacris lævigata, E. impressa; Elichrysum fulgidum; Euphorbia splendens; Genista Rodolphi; Glycine ovata; Grevillea sulfurea; Iris susiana; Kennedya villosa; Lechenaultia multiflora; Linum flavum; Pelargonium Julia Grisi, P. duchesse of Sutherland, P. velutinum sanguineum, P.* Bélisaire, *P.* Mazeppa, *P.* chevalier de Mineux, *P. Hebé-Beck ; Pimelea decussata, P. linifolia, P. nivea, P. spectabilis; Polygala bracteata, P. cordifolia, P. grandiflora*; *Pultenœa daphneoïdes, P. striata*; *Rhododendrum arboreum Smithii, R. altaclarense grandiflorum, R. splendens, R. forsciciflorum*; *Spartium multiflorum, S. speciosum; Thysanotus intricatus; Verbena magna;* Rosiers; un tableau de Pensées de semis.

M. *Patenotte.* Ensemble de Bruyères, Cinéraires, Fuchsia, Pelargonium, Petunia, Polygala, Rhododendrons, Verveines.

M. *Rendatler. Acacia cordifolia, A. pulchella; Æschynanthus grandiflorus*; *Arum crinitum; Azalea indica phœnicea*; *Begonia hydrocotylifolia*; *Boronia crenulata*; *Brugmansia arbustata, B. floribunda*; *Bucelia violacea*; plusieurs variétés de Calcéolaires; *Centradenia rosea*; *Chorizema varium;* collection de Cinéraires; *Cytisus ramosus*; *Clematis azurea grandiflora*; *Daviesia glauca*; *Datura arborea*; *Elichrysum spectabile*; *Erica cylindrica, E. coccinea pulchella, E. pyrolœflora rosea, E. persoluta alba, E. tubiflora*; *Epacris grandiflora*; *Fabiana imbricata*; plusieurs espèces de Fougères; plusieurs variétés de Fuchsias; collection de *Pelargonium* nouveaux; *Glycine bimaculata*; *Grevillea Manglesii, G. sulfurea*; *Justicia carnea superba*; *Habrothamnus fasciculatus*; *Gonophlechum mammosum*; *Kennedya floribunda, K. macrophylla, K. coccinea vera, K. ovata, K. Mariattii*; *Lantana multiflora*; *Lobelia Erinus*; *Lychnis fulgens*; *Malva campanulata*; *Mimulus gloriosus*; *Oxylobium Pultenœæ, O. myrtifolium*; collection de *Petunia*; collection de Pensées anglaises; *Pimelea decussata, P. nivea, P. spectabilis*; *Potentilla amoryana*;

Primula versicolor; *Pultenœa striata*; *Polygala dalmesiana*, *P. cordifolia*, *P. speciosa*; *Phlox Drummondii alba*; *Rhododendrum altaclarense speciosum*, *R. hyacintiflorum plenum*, *R. superbissimum*, *R. russelianum*, *R. gowenianum*; Rosier hybride de Bourbon l'Admiration, R. Noisette sulfatar, R. thé moiré, R. thé virginal, R. thé Silène, R. de Bourbon Justine; *Sarracenia purpurea*; *Templetonia retusa*; *Trollius giganteus*; *Tropœolum lobbianum*, *T. pentaphyllum*, *T. tricolorum*; *Vaccinium nitidum*; une collection de Verveines nouvelles; *Viburnum grandiflorum*.

M. *Fr. de Schacken* (jardinier, M. *Martin*). *Acacia cordata*, *A. plumosa*, *A verticillata*; *Azalea indica alba*; Cinéraire Bouquet de la Reine, C. gloire de Nancy, C. grand blanc; *Chorizema varium novum*; *Coronilla glauca*; *Daviesia glauca*; *Diosma*; *Eugenia australis*; *Erica mediterranea*; *Fuchsia lili*; *Genista Rodolphi*; *Habrothamnus fasciculatus*; *Metrosideros alba*; *Magnolia grandiflora prœcox*; *Polygala grandiflora*, *P. speciosa*; *Pimelea spectabilis*; *Siphocampylus bicolor*; Sept pieds de Tulipes; Camellias roses et panachées; Vipérines.

MM. *Simon Louis* frères, de Metz. *Pultenœa myrtifolia*; *Statice macrophylla*; *Pimelea spectabilis*; *Azalea indica floribunda*.

M. *de Taillasson*. Auricules de semis; *Acacia glaucophylla*, *A. linifolia*; Cinéraire nouveau, C. Bouquet de la Reine; *Camellia eximia*; *Chorizema cordatum*, *C. varium*, *C. macrophyllum*; *Daviesia glauca*, *D. longifolia*; *Diosma ambigua*; *Epacris lœvigata*; *Erica persoluta alba*; *Genista Rodolphi*; *Habrothamnus elegans*, *H. fasciculatus*; *Kennedya ovata*; *Pimelea spectabilis*; *Platylobium murrayanum*; *Polygala grandiflora*; diverses variétés de Rhododendrons; Rosiers thé Fougère, Princesse Marie, diverses variétés de Bengales.

Distribution des Prix.

Exposition d'horticulture.

Légumes.

Médaille générale : Néant.

Médaille de nouveautés : Néant.

Médaille de culture forcée : à M. *Etienne Défaut*, jardinier de M. le marquis *de Choisy*, pour ses Concombres blancs de Hollande. — *Accessit* : Néant — 1re *Mention honorable* : à M. *Masson*, pour ses Haricots verts. — 2e *Mention honorable* : à M. *Etienne Défaut*, pour ses Haricots verts.

Médaille de belle culture : à M. *Joseph Vuillaume*, pour ses Carottes. — *Accessit* : à M. *Etienne Défaut*, pour ses petits Pois. — *Mention honorable* : Néant.

Médaille de collection : Néant.

Fruits.

Ni Médailles, ni Accessits, ni Mentions honorables.

Fleurs.

Médaille générale : à M. *Jean-Baptiste Rendatler* et à M. *Joseph Munier* (*ex-æquo*), pour l'ensemble de leurs expositions. — *Accessit* : à M. *Etienne Défaut*.— 1re *Mention honorable* : à M. *Patenotte*. — 2e *Mention honorable* : à M. *Joseph Collin*.

Médaille de nouveautés : à M. *Jean-Baptiste Gloriot*, pour sa Pivoine Grand Sultan. — *Accessit* : à M. *de Taillasson*, pour son *Rhododendrum pardolotum*. — 1re *Mention honorable* : à M. *Joseph Munier*, pour son *Chorizema Southampton*.— 2e *Mention honorable* : à M. *Jean-Baptiste Rendatler*, pour son *Tropæolum lobbianum.* — 3e *Mention honorable :* à M. *Joseph Munier,* pour son *Lechenaultia multiflora.*

Médaille de culture forcée : Néant. *Rappel de médaille* décernée l'an dernier à M. *Etienne Défaut,* pour ses Hortensias.— *Accessit :* au même, pour son *Achimenes longiflora.* — *Mention honorable :* Néant.

Médaille de belle culture : à M. *Charles Défaut,* jardinier de M. *Elie-Baille,* pour son *Azalea indica alba.* — *Accessit :* à M. *Etienne Défaut,* pour son *Tropœolum tricolorum.* —*Mention honorable :* à M. *Joseph Munier,* pour son *Acacia cordifolia.*

Médaille de collection : à M. *Joseph Munier* et à M. *Jean-Baptiste Rendatler* (*ex-æquo*), pour leur collection de Pensées. — *Accessit :* Néant. — *Mention honorable :* à M. *Letixerand,* de Saint-Mihiel, pour sa collection de Pensées.

Médaille extraordinaire : à M. *Etienne Défaut* , pour la beauté et la belle culture de toutes les plantes qu'il a exposées.

Médaille extraordinaire : à M. *Joseph Antoine,* jardinier de M. *de Lépinau,* pour ses Cinéraires de semis. — *Mention honorable :* à M. *Avet,* pour ses Anémones de semis.

MM. *Simon-Louis* frères, de Metz, s'étant retirés du concours, des remercîments leur sont adressés pour les belles plantes qu'ils ont exposées, entre autres un *Statice macrophylla,* d'une grande nouveauté.

Plantation des vignes.

Prime de 40 fr. à M. *François Marchand,* vigneron de M. *Besval,* à Malzéville.

(Extrait du *Bon Cultivateur.*)

NANCY, IMPRIMERIE DE VEUVE RAYBOIS ET COMP.

www.ingramcontent.com/pod-product-compliance
Ingram Content Group UK Ltd.
Pitfield, Milton Keynes, MK11 3LW, UK
UKHW020224180726
13838UKWH00005B/2167